Las variables analíticas

DR. JOSÉ SUPO

Médico Bioestadístico

www.bioestadistico.com

Las variables analíticas – El origen y la función de las variables en la investigación

Primera edición: Enero del 2014

Editado e Impreso por BIOESTADISTICO EIRL
Av. Los Alpes 818. Jorge Chávez, Paucarpata, Arequipa, Perú.

Hecho el depósito legal en la Biblioteca Nacional del Perú.

N ° 2014-00204

ISBN: 1493777084
ISBN-13: 978-1493777082

DEDICATORIA

A los investigadores, que aportan al conocimiento y a la construcción del
método investigativo…

A los que pretenden con la ciencia mejorar el mundo.

CONTENIDO

Nivel investigativo **exploratorio**

El origen de las variables

En esta ocasión, vamos a descubrir los conceptos que subyacen debajo de esta terminología, que corresponde a las variables analíticas, y veremos cuál es el rol que les toca desempeñar a lo largo de una línea de investigación.

Toda línea de investigación se inicia en el nivel más básico: en el exploratorio; luego, pasamos a desarrollar el nivel descriptivo; enseguida, el nivel relacional; más adelante, el nivel explicativo; posteriormente, el nivel predictivo, y finalmente, el aplicativo.

Toda línea de investigación tiene que transcurrir por estos niveles. Se inicia en el nivel más básico, el exploratorio, el encargado de descubrir el problema, y termina en el nivel aplicativo, en donde planteamos una solución.

El origen de las variables que tenemos que analizar se encuentra en el nivel exploratorio, veamos un ejemplo: hace muchos cientos de años atrás, se describió una enfermedad a la cual hoy conocemos con el nombre de la diabetes. En esa época, se detectó que había un conjunto de síntomas que eran compartidos por algunas personas y que eran la causa de su muerte.

En ese momento se mencionó a este conjunto de síntomas como polidipsia o mucha sed, poliuria o micción frecuente y polifagia como un incremento del apetito.

Había un conjunto de personas que padecían este grupo de síntomas y, aunque no se tenía clara la fisiopatología de la enfermedad ni cuál era la razón por la que estas personas morían, se podía identificar que tenían una entidad en común que más adelante tuvieron que nombrarla como diabetes.

Se descubrieron tres variables: polidipsia, poliuria y polifagia. Podemos identificar a estas tres variables categóricas como dicotómicas. Efectivamente, había algunas personas que tenían la polidipsia y otras que no la tenían; algunas personas tenían la poliuria y otras personas no; también había algunas que tenían la polifagia y otras que no.

Es así como se originan, dentro de esta línea de investigación que se formaba en ese momento, tres variables que más adelante tendrían que ser analizadas en los otros niveles de la investigación, en los niveles que vienen más adelante, y que corresponden a la investigación cuantitativa.

Este es el origen de las variables, porque partimos de un fenómeno, de una condición particular, de una situación que perjudicaba a un grupo de personas y que los conducía hasta la muerte; pero tenía que ser descrito y, lógicamente, en un primer momento tenía que ser identificado.

Este es el rol de la investigación exploratoria: identificar un conjunto de características en una población; estas se convertirán, más adelante, en variables y tendrán que ser analizadas desde el punto de vista estadístico.

Pero, en el nivel exploratorio, en el cual descubrimos estas características, no desarrollamos ningún procedimiento analítico, no hacemos ninguna prueba estadística ni desarrollamos ningún algoritmo porque se trata de investigación cualitativa, y la función de esta investigación es únicamente descubrir parámetros en la población, descubrir los fenómenos que se están produciendo en un conjunto de personas y que afectan a la población, como un problema o como una enfermedad.

Ahora, veamos un segundo ejemplo: vamos a suponer que queremos conocer las razones de la falta de adherencia terapéutica en un grupo de pacientes.

Como no tenemos idea de las razones por las cuales este grupo de pacientes no son adherentes a la terapéutica, es decir, no cumplen con las indicaciones terapéuticas de sus médicos, la estrategia que utilizaremos para recolectar esta información se denomina entrevista abierta. Esta se caracteriza por realizar una única pregunta.

Entonces, buscamos un grupo de pacientes que no siguen su terapéutica, supongamos un conjunto de cien personas, y a todas les vamos a hacer la misma pregunta: ¿cuál es la razón por la que no han sido adherentes a su tratamiento? ¿Cuáles son las circunstancias por las cuales no han seguido las indicaciones de su médico tratante? Como se trata de una pregunta abierta, las respuestas de los pacientes van a ser de lo más diversas.

Veamos algunos ejemplos de respuestas que nos podrían dar: no he seguido la adherencia terapéutica porque se contradice con mi horario de trabajo, no he regresado a la consulta para mi control respectivo porque el hospital queda muy lejos de mi domicilio, no he podido retornar a los controles que me indicó el médico tratante porque me toma mucho tiempo trasladarme desde donde vivo hacia el centro de salud.

Estas tres respuestas están enmarcadas dentro de una dimensión más amplia que se denomina tiempo. Pues, para seguir un tratamiento, para cumplir una terapéutica se requiere disponer de tiempo, también se requieren de otras condiciones más como, por ejemplo, economía para comprar los medicamentos, si se trata de una terapéutica medicamentosa.

A partir de estas tres primeras respuestas que hemos recolectado, podemos unirlas para crear el concepto falta de tiempo. Entonces, aparece una variable, descubrimos una característica que podría ser, aún no estamos diciendo que lo sea, una de las causas de la falta de adherencia al tratamiento.

Luego, buscando entre las otras respuestas que nos suministran estas personas podríamos encontrar una segunda dimensión: la economía.

Esta dimensión puede reunir las siguientes respuestas: los medicamentos son muy caros como para comprarlos o no me alcanza para comprar los medicamentos que me han recetado; y también nos podrían decir, tengo otras necesidades más urgentes que comprar los medicamentos.

Así, identificamos una segunda dimensión que sería la economía, por lo tanto, habremos descubierto una nueva variable, que sumada a nuestro primer descubrimiento, el factor tiempo, tendremos ya dos variables descubiertas.

Si seguimos indagando en la población, en aquellos que no son adherentes a su tratamiento, podremos ir encontrando o identificando un número mayor de variables que, más adelante, tendrán que ser corroboradas y verificadas.

Queda claro que no estamos diciendo que estas sean las causas directas de la falta de adherencia al tratamiento, sino que estamos explorando a la población a fin de encontrar variables que tendremos que analizar tanto desde el punto de vista conceptual como desde el punto de vista estadístico.

El origen de las variables se encuentra en el nivel exploratorio, porque esa es su función, descubrir características patrones en la población. Si seguimos analizando nuestro ejemplo de la falta de adherencia terapéutica podríamos encontrar una tercera dimensión, un tercer concepto: el cultural.

Por ejemplo, las personas pueden argumentar: tengo miedo al resultado del tratamiento que me están suministrando; también podrían responder lo siguiente, mis amigos me han dicho que si sigo este tratamiento, en lugar de mejorar, voy a empeorar, y quizás alguien piense que esos medicamentos se los han recetado únicamente para hacerle gastar más dinero.

Estas tres últimas respuestas pertenecen a una dimensión cultural, a los pensamientos y a las creencias que puedan tener los pacientes. Poco a poco, iremos encontrando las variables que debemos analizar dentro de nuestra línea de investigación, sabremos qué están haciendo en este punto incipiente, en el nivel exploratorio, que corresponde al origen de las variables.

La variable de estudio

Todavía nos encontramos en el nivel de la investigación exploratoria, estamos iniciando nuestra línea de investigación; en este punto habíamos descubierto las variables que tenemos que describir y analizar más adelante.

El conjunto de las características que descubrimos en el nivel exploratorio nos permiten identificar a nuestra variable de estudio. Por ejemplo, si las variables o características que hemos descubierto en un grupo de pacientes son la polidipsia, la poliuria y la polifagia, podemos hacer un concepto unificado y a esto se le denominó como la enfermedad de la diabetes. Por lo tanto, la variable de estudio viene a ser la diabetes.

La variable de estudio es la variable que caracteriza la línea de investigación, esta variable no se va a modificar mientras avancemos por los diferentes niveles de la investigación. Si bien, en este momento, nos encontramos en el nivel exploratorio, la diabetes seguirá siendo la variable de estudio en el nivel descriptivo, seguirá siendo la misma en el nivel relacional y en el explicativo y también en el nivel predictivo y aplicativo.

Sin embargo, el nombre por el que se le va a reconocer y la función que tiene que cumplir en los diferentes niveles de la investigación serán distintos. Lo que debemos recordar es que si nuestra variable de estudio es la diabetes, esto va a permanecer idéntico mientras avancemos en nuestra línea de investigación.

Luego, tenemos un segundo ejemplo donde habíamos preguntado a las personas que no eran adherentes a su tratamiento las razones que ellos argumentaban, las causas por las que, según ellos, no seguían la terapéutica indicada por su médico tratante. Y, además, habíamos identificado algunos componentes o dimensiones como el factor tiempo, el económico y el cultural. Por supuesto, puede haber más dimensiones, pero para nuestro ejemplo estamos citando únicamente tres.

Y a partir de estas tres condiciones o dimensiones podemos descubrir que las personas que cumplen todas estas características son las que no tienen adherencia al tratamiento, entonces, surge un concepto más amplio que engloba todo lo citado anteriormente.

La característica en común de todas las personas que hemos entrevistado, a las cuales les hemos realizado una pregunta abierta, es la falta de adherencia al tratamiento. Surge la variable adherencia al tratamiento, cuyas categorías son sí adherente y no adherente.

De esta forma, identificamos a la variable de estudio en esta otra línea de investigación. Si bien nos encontramos en el nivel exploratorio, la adherencia al tratamiento o la falta de adherencia terapéutica se mantendrá como variable de estudio en los siguientes niveles de la investigación tanto en el descriptivo como en el relacional, en el explicativo, en el predictivo y el aplicativo.

Lo que sucede es que el nombre con la que vamos a identificar a esta variable en los otros niveles de la investigación será distinto, pero no porque haya dejado de ser la variable de estudio, sino por el rol que va a cumplir dentro del análisis estadístico. Debes tener en cuenta que solamente el nivel exploratorio corresponde a la investigación cualitativa. A partir del nivel descriptivo comienza la investigación cuantitativa, es decir, que tenemos que realizar análisis estadísticos.

Por lo tanto, las variables que estamos describiendo en este momento tendrán que ser analizadas desde el punto de vista estadístico y se les conoce con el nombre de variables analíticas. Tendremos que realizar métricas y procedimientos estadísticos sobre este concepto general que estamos describiendo en este momento y que corresponde a la variable de estudio.

La variable de estudio es única a lo largo de los diferentes niveles de la investigación, por eso, es que la mencionamos en singular, decimos la variable de estudio, y no las variables de estudio, porque solamente es una.

Esta variable de estudio nos permite clasificar nuestra investigación, nos permite realizar el procedimiento de muestreo y una serie de procedimientos metodológicos que tienen que desarrollarse a lo largo de todo protocolo de investigación. Por ello, es muy importante que podamos identificar plenamente cuál de todas estas características, que podemos identificar en la población, es nuestra variable de estudio.

Cuando pasamos a un nivel descriptivo, la variable de estudio se convierte en la variable de interés, pero solamente por la función que cumple. No ha dejado de ser la variable de estudio, sigue siendo el objeto de interés o la característica de interés en nuestra población.

Lo que sucede es que en un nivel descriptivo encontramos una serie de características, podemos plantear un listado de condiciones que queremos observar en nuestras unidades de estudio, pero solamente una de ellas es la que nos define la línea de investigación, me estoy refiriendo a la variable de estudio.

Pero por la función que cumple en el nivel descriptivo se le denomina variable de interés y nuevamente se trata de una variable única, por eso, no decimos las variables de interés, sino, más bien, en singular: la variable de interés.

Las otras variables que aparecen en un nivel descriptivo reciben el nombre de variables descriptivas. Cuando pasamos a un siguiente nivel, al nivel relacional, la variable de estudio se convierte en una variable de supervisión. Cuando planteas un estudio de factores asociados, todos los factores que pretendes asociar tienen el mismo rol, la misma condición, no hay jerarquía, incluso si tienes solamente dos características que pretendes asociar tienes el factor asociado uno y el factor asociado dos.

Aquí no hay variable independiente ni dependiente. Recuerda, el nivel relacional no busca demostrar relaciones de causalidad, por lo tanto, el rol que tienen todas las variables en un estudio de nivel relacional es el mismo; sin embargo, nuestro interés se enfoca siempre en una variable única, y a esta variable única se le denomina la variable de supervisión.

Nuevamente me estoy refiriendo a la variable de estudio, lo que sucede es que dentro del rol analítico que le corresponde desempeñar se le puede denominar variable de supervisión.

Más adelante, pasamos ya al nivel explicativo y la variable de estudio tiene un rol totalmente distinto. La variable de estudio se convierte en la consecuencia de lo que estamos analizando, por esta razón, el nombre que recibe esta vez es el de la variable dependiente. Y, por supuesto, hay otras variables que participan en el estudio, pero estas otras variables van a participar como variables independientes. La variable de estudio es la variable dependiente y es la que marca nuestra línea de investigación.

Queremos saber qué condiciones afectan a nuestra variable de estudio porque esta representa el problema que estamos analizando, entonces, tenemos que buscar cuáles son las causas de este problema y es, precisamente, a lo que se dedica el nivel de la investigación explicativa.

Por lo tanto, la variable de estudio sigue siendo la misma solo que por la función que cumple en esta ocasión se denomina variable dependiente.

Más adelante, en el nivel predictivo, la variable dependiente ya no tiene este nombre, sino que tiene una función distinta, pero sigue siendo la variable de estudio; en esta ocasión se denomina variable endógena y nuevamente es única.

Por estrategia analítica, la variable endógena es la variable respuesta, es la variable que tenemos que predecir, la variable que nos permite clasificar a los grupos que estamos analizando, y como las variables en ningún estudio son únicas, quiere decir que hay muchas otras características más, además de nuestra variable de estudio.

Las otras variables reciben el nombre de variables exógenas. Es la variable de estudio la que permanece siempre inmodificable a lo largo de los diferentes niveles de la investigación, por eso, decimos que la variable de estudio es la que caracteriza nuestra línea de investigación.

Todos los trabajos que realizamos dentro de una misma línea de investigación y que tienen diferentes procedimientos analíticos según el avance que hayamos tenido dentro de nuestra propia línea, se enfocan en el estudio de la variable de estudio, que tiene diferentes roles, que tiene diferentes papeles en los diferentes niveles de la investigación; pero sigue siendo la misma.

Más adelante, veremos cuáles son los roles que le toca desarrollar o cumplir a la variable de estudio, a nuestra variable, la razón de ser de nuestra línea de investigación.

Las variables descriptivas

Estamos avanzando en los diferentes niveles de la investigación y, esta vez, nos encontramos en el nivel descriptivo. Clásicamente, decimos que el nivel descriptivo se caracteriza por ser univariado, pero cuando hablamos de la condición univariada del nivel descriptivo nos estamos refiriendo al análisis estadístico que vamos a realizar dentro de este nivel, porque de todas maneras, además de la variable de estudio, siempre tendremos que caracterizar a nuestra población.

Imagina que estás realizando un estudio de prevalencia de diabetes en tu ciudad. Por lo tanto, la variable de estudio será la diabetes y, además de describir cuán frecuente es la diabetes en esta población, tendrás que caracterizarla, es decir, saber cuál es la edad de la población a la cual has descrito, ya sea en promedio o por intervalos; cuál es el sexo de la población que has descrito.

Es que no necesariamente un estudio puede ser sobre toda la población en forma global, sino que puede ser sobre pacientes hipertensos, sobre pacientes que pertenecen al club de la diabetes, sobre pacientes hospitalizados, sobre pacientes que pertenecen a una determinada institución.

Entonces, es preciso caracterizarla en términos de edad y sexo, que son las variables epidemiológicas que no deben faltar en ningún estudio y menos en los estudios descriptivos; pero así como has descrito además de la variable de estudio, denominada diabetes, las características de edad y sexo, puedes describir también otras condiciones como la ocupación, la actividad física, los hábitos nocivos, en fin, todas las características que, según tú, creas están relacionadas a tu variable de estudio.

Y digo según tú, porque tú eres el dueño de la línea de investigación, porque no estamos poniendo a prueba hipótesis de si estas características son las que causaron la enfermedad, sino que estamos tratando de descubrir cuáles son las condiciones que están alrededor de este proceso de salud-enfermedad, identificado por la diabetes.

Como es lógico, mientras más experiencia tengas dentro de tu línea de investigación, más variables descriptivas tendrás y, en esta ocasión, sí vale la pena indicar que son varias, porque son muchas las características que se pueden describir alrededor de la variable de estudio, por eso, a estas características se les denomina variables de caracterización.

No hay un criterio por el cual debamos identificar a estas características, sino que más bien parten de la experiencia del investigador, son planteamientos empíricos. Lógicamente, mientras más experiencia tengas, más habilidad tendrás en describir qué condiciones están alrededor de tu variable de estudio, alrededor del problema que estás analizando, alrededor de la enfermedad a la cual estas tratando de estudiar.

Las variables descriptivas no pretenden explicar el problema que estamos estudiando o la enfermedad o la variable de estudio, su función es plantear hipótesis para los estudios posteriores. Por ejemplo, si encuentras que la prevalencia de diabetes en la ciudad de Arequipa es del 10%, alguien podría preguntarse, considerando que esa es una prevalencia muy alta: ¿qué es lo que está sucediendo en la población de Arequipa?

Entonces, tendremos que utilizar las otras variables para lanzar proposiciones, para plantear hipótesis. Así, el autor del estudio dirá: es que nuestra población está constituida por personas mayores de 35 años, es decir, no hemos estudiado a toda la población, sino solamente a un segmento de ella ; por esta razón, la prevalencia de diabetes aparece anormalmente alta o, por lo menos, numéricamente mayor a lo que registran otros estudios sobre la misma enfermedad.

No estoy diciendo que el hecho de que la población sea mayor de 35 años sea la causa de la enfermedad o la razón por la que la prevalencia de la diabetes estaba anormalmente elevada. Lo que estoy diciendo es que a partir de esta característica que hemos podido identificar lanzaremos una hipótesis: mientras mayor en edad sea la población en estudio, más alta será la prevalencia de diabetes.

Esto puede sonar muy lógico ahora que conocemos la dinámica de esta enfermedad, pero imagina la situación 200 o 300 años atrás o imagina una enfermedad que aún no está muy estudiada, que no es muy conocida o un problema dentro de tu institución y de tu área de trabajo que aún no está muy revisado.

Plantear una hipótesis relacionando la enfermedad con otra variable como, por ejemplo, la edad, nos permitirá conocer un poco más a fondo el problema, pero nuevamente la relación que describimos en este momento no es concluyente porque no hemos desarrollado ninguna prueba de hipótesis, sino que la relación que estamos describiendo la planteamos como una proposición, lanzamos la hipótesis de que esta relación podría existir.

Por esta razón, los estudios descriptivos terminan en el planteamiento de hipótesis empíricas, porque no hemos descrito el mecanismo de acción por el cual la edad incrementaría la prevalencia de diabetes en una población, es decir, que no hay un mecanismo fisiopatológico, no hay un proceso paso a paso por el cual esta situación se estaría produciendo, es simplemente que, y aquí viene el componente empírico, creemos que están asociadas.

Por lo tanto, lanzamos la hipótesis para verificar si realmente la enfermedad de la diabetes está asociada a una edad mayor. Es posible que esté relacionada como que no lo esté, pero la tarea de concluir en que sí existe o no existe esta relación no le corresponde al nivel descriptivo, sino que le corresponde al nivel relacional, que viene más adelante.

Entonces, la función que cumplen las variables descriptivas es, en cierto modo, también exploratorio; exploratorio en el sentido de que buscamos las relaciones teóricas que podrían existir con la variable de estudio, pero relaciones que nacen a partir de la experiencia o del empirismo que tiene un profesional que cuenta con una línea de investigación y que, como es lógico, mientras más experiencia tenga dentro de este campo, dentro de este tema específico, más variables descriptivas podrá identificar.

Y según los resultados del estudio descriptivo, según la frecuencia o la magnitud con la que se encuentren en el grupo afectado por la enfermedad o por el problema, se permitirá plantear hipótesis empíricas para el siguiente nivel, para el nivel relacional, hipótesis que no tienen un fundamento, que no tienen un argumento, que no tienen un mecanismo fisiopatológico por el cual está ocurriendo esta situación, no hay un mecanismo de acción, pero que a la luz de la razón del investigador esta relación podría existir y, por eso, se plantea la hipótesis de existencia de la relación o no existencia de la relación, que son los dos valores de verdad entre la variable descriptiva y la variable de estudio.

Mientras mayor sea el número de variables descriptivas que podamos identificar en este nivel, más éxito tendremos en el transcurso de nuestra línea de investigación porque, más adelante, las variables descriptivas se convertirán en variables asociadas. Pero cuando pensemos que realmente hay una relación entre la variable descriptiva con la variable de estudio, que es la variable más importante de nuestra línea de investigación; entonces, las plantearemos como variables asociadas, porque es posible que exista asociación entre la variable descriptiva y la variable de estudio.

Es posible, también, que esta asociación no exista; si existe, entonces, es posible que sea la causa del problema. Por esta razón, ya en el nivel explicativo la variable asociada se convierte en una variable independiente, si y solo si se ha demostrado relación estadística, es decir, en una variable capaz de explicar el resultado, explicar el problema, el efecto que estamos buscando demostrar.

Y nuevamente, si la variable independiente demuestra ser realmente un factor determinante en la ocurrencia de la enfermedad, del problema o de la variable de estudio, entonces, tendrá que ser parte de un modelo predictivo.

Tendremos que escoger un conjunto de estas variables probadamente determinantes sobre la variable de estudio, la variable problema o la variable enfermedad y, más adelante, en el nivel predictivo se convertirán en variables exógenas. Algunos le han puesto el nombre de variables predictivas, pero se trata de las variables descriptivas en un diferente nivel investigativo.

Nivel investigativo **descriptivo**

La variable de interés

En el nivel investigativo descriptivo, la variable más importante de todo trabajo de investigación, nos estamos refiriendo a la variable de estudio, lleva el nombre de variable de interés, pero no porque se trate de otra variable, sino porque la función, el rol que debe cumplir esta variable en este nivel investigativo es distinto al rol que cumple la variable de estudio en los otros niveles de la investigación.

La variable de interés o variable de estudio en un estudio descriptivo nos permite, por ejemplo, clasificar la investigación. Recuerda que existen los estudios retrospectivos y los estudios prospectivos. Esta clasificación de los estudios se realiza a partir de la planificación de las mediciones que se realiza sobre la variable de estudio, entonces, si tú planificas tus mediciones y, lógicamente, haces un control del sesgo de selección y de medición, tu estudio se llama prospectivo; pero, por otro lado, si no planificaste las mediciones, fue otra persona la que hizo las mediciones, tú te copiaste los resultados que esta otra persona, este otro investigador, anotó a partir de sus propias mediciones donde tú no tuviste ninguna participación, tu estudio se llama retrospectivo.

Y como todas las unidades de estudio tienen que recibir el mismo trato, es decir, a todas les planificas las mediciones o a ninguna le planificas las mediciones, solamente hay estudios prospectivos, que tienen mediciones planificadas; y retrospectivos, que tienen mediciones no planificadas por el investigador.

Esta clasificación se realiza a partir de la identificación de la variable de interés; en el nivel descriptivo, a la variable de estudio se le denomina así porque es la única variable sobre la cual tendremos que enfocar toda nuestra atención para hacer la clasificación de los estudios.

Recuerda que si tu estudio se trata, por ejemplo, de la prevalencia de diabetes tienes que caracterizar a la población, es decir, no basta con concluir que la prevalencia de la enfermedad de la diabetes es del 10%, sino que tienes que decir cuál fue la edad de la población a la que estudiaste, cuál fue el género o sexo y otras características adicionales que podrían ser la ocupación, los hábitos nocivos, la actividad física, en fin, una serie de características que acompañan a la variable de estudio.

Pero como estas otras variables, a las que se les denomina variables descriptivas o variables de caracterización, no son la variable de interés, no se utilizan para clasificar a los estudios, entonces, cuando de clasificar a los estudios se trata el enfoque de nuestra atención está solamente en una variable, en la variable de interés, que se trata de la variable de estudio; pero que en el nivel descriptivo está cumpliendo otro rol.

De modo que no hay forma de que un estudio sea retrospectivo o prospectivo al mismo tiempo, esto no es posible porque las mediciones de la variable de estudio o las planificas o no a las planificas y te copias los datos de las mediciones que otro investigador realizó.

Y, como los datos o las mediciones tienen que ser planificadas o no planificadas, pues, tampoco es posible encontrar un estudio que no sea retrospectivo ni prospectivo, tendrá que ser uno de ellos, de todas maneras, y no hay forma de que exista un estudio que no sea ninguno de los dos o que sea los dos al mismo tiempo.

Otra utilidad que le podemos dar a la variable de interés, a la variable única en el nivel descriptivo que corresponde a la variable de estudio es la clasificación de los estudios en transversal y longitudinal. Esta diferenciación de los estudios, recuerda, se hace sobre el número de mediciones que ejecutas sobre la variable de interés, la única variable de interés que tiene el estudio descriptivo y corresponde a la variable de estudio.

Como habíamos mencionado, la variable de estudio no es la única característica que observamos en las unidades de estudio, sino que hay una serie de condiciones, de características, alrededor de la variable de estudio, pero nuestro enfoque, nuestra atención, está únicamente sobre una variable y esta es la variable de interés o variable de estudio.

Si realizamos una sola medición, ya sea que nosotros la hayamos ejecutado o haya sido ejecutada por otro investigador; estoy diciendo que no importa si el estudio es prospectivo o retrospectivo. Si realizamos una sola medición, el estudio es transversal; pero si ejecutamos más de una medición, dos o más, entonces, el estudio será longitudinal.

Pero estas dos mediciones o más tendrán que ser realizadas sobre la variable de interés, que en el nivel descriptivo es la variable de estudio. Entonces, no importa lo que suceda con las otras características que acompañan a la variable de estudio, porque toda nuestra atención está enfocada solamente en una variable, en la variable de estudio.

Si ejecutamos una medición sobre la variable de estudio, el estudio es transversal; pero si hacemos dos o más mediciones, el estudio es longitudinal. Fíjate que esta única medición o múltiples mediciones es independiente de que la hayas ejecutado tú como investigador o la haya ejecutado otra persona y tú te hayas copiado la información, los datos de estos registros.

De modo que la clasificación de los estudios en retrospectivo y prospectivo es totalmente independiente a la clasificación de los estudios en transversal y longitudinal. Entonces, puede existir un estudio transversal que sea tanto prospectivo y puede haber, también, estudios transversales que sean retrospectivos.

También es posible que haya estudios longitudinales retrospectivos, como también puede haber estudios longitudinales prospectivos porque el criterio de clasificación aplicado en cada caso es totalmente distinto y es independiente.

La clasificación de los estudios en retrospectivo y prospectivo es por la planificación de las mediciones: o planificas tus mediciones o las variables han sido evaluadas sin planificación por otro investigador. El otro criterio para dividir a los estudios en transversal y longitudinal es el número de mediciones: si haces una medición, es transversal; pero si haces dos o más, es longitudinal.

Las variables analíticas y, específicamente en este caso, la variable de interés sirve para clasificar a los estudios en descriptivos y analíticos. Los estudios descriptivos tienen solamente una variable analítica, por eso, se les denomina, también, univariados; el análisis estadístico que realizamos en este punto es de una sola variable, no hacemos cruces entre variables, no hacemos tablas de contingencia ni relaciones, la única variable de interés es la variable de estudio y, por eso, es univariado.

Por otro lado, los objetivos estadísticos que planteamos en un estudio descriptivo corresponden a la variable de estudio y estos son: determinar y estimar. Determinar significa saber si una unidad de estudio tiene o no la condición que estamos buscando encontrar. Si nuestra variable de estudio es la diabetes, habrá personas que tengan diabetes y habrá personas que no.

La forma de llegar a esta conclusión es mediante el objetivo determinar, entonces, tendremos que realizar una serie de procedimientos para determinar si una persona tiene o no tiene diabetes, por lo tanto, el objetivo determinar está relacionado con la variable de estudio, con la única variable de interés en el nivel descriptivo.

El otro objetivo estadístico que se plantea sobre esta variable es el objetivo estimar, y se utiliza para ver cuán frecuente está la característica en estudio, la variable de estudio, en la población. Si tienes una población de cien personas y resulta que diez de ellas tienen la enfermedad de la diabetes, que has determinado previamente, entonces, estamos estimando la frecuencia de la enfermedad y en este caso diez de cien será 10%.

Estimar la frecuencia de la enfermedad de la diabetes es el objetivo, y la conclusión es que el 10% de la población estudiada tiene la enfermedad. Estamos contando el número de casos en los que aparece la variable de estudio, por esta razón, el objetivo estimar está relacionado con la variable de estudio.

Se suele confundir mucho el objetivo estadístico determinar con el objetivo describir. Determinar siempre apunta la variable de estudio, mientras que describir apunta a las variables descriptivas o variables de caracterización.

Nivel investigativo **relacional**

Las variables asociadas

Con el término asociar queremos resumir todos los tipos de relación que podamos plantear entre dos variables. Nos encontramos en el nivel investigativo relacional caracterizado por plantear la relación entre dos variables. Bradford Hill decía que el punto de partida para demostrar relación causa-efecto entre dos variables es la asociación, pero a su vez planteaba una serie de requisitos adicionales que se debían cumplir a los que denominamos criterios de causalidad de Bradford Hill.

Por lo tanto, la asociación es insuficiente para demostrar relación causa-efecto entre dos variables. Si asociar no es suficiente para demostrar causalidad entre dos variables, entonces, no podemos hablar de variable independiente ni de variable dependiente, porque la condición de variable dependiente es que se origina a partir de otra llamada independiente; y como en el nivel investigativo relacional no hablamos de relación causa-efecto, no puede existir ni variable independiente ni dependiente, lo que existe son las variables asociadas; pero nuevamente con este concepto queremos resumir todos los objetivos estadísticos que se pueden plantear dentro del nivel investigativo relacional.

Si nos trasladamos al campo estadístico y utilizamos estrictamente su terminología, asociar significa plantear la relación entre dos variables categóricas dicotómicas, por ejemplo, la obesidad y la diabetes. La obesidad como variable tiene dos categorías: sí obesidad y no obesidad. La diabetes como variable, también, tiene dos categorías: sí diabetes y no diabetes. Las condiciones que están asociadas son las categorías sí obesidad y sí diabetes.

Entonces, desde el punto de vista estadístico, lo que asociamos son categorías, por lo tanto, dentro de una variable que tiene dos categorías una de ellas es la categoría de interés, es aquella que llama nuestra atención y sobre la cual debemos enfocar todos nuestros esfuerzos.

Pero ¿qué pasaría si las dos variables a las que pretendemos relacionar no son categóricas sino, más bien, son numéricas? Entonces, aparece el concepto de la correlación, con el objetivo estadístico correlacionar.

La correlación implica que las variaciones de las unidades en un individuo modifican o se relacionan con las unidades de otra característica en el mismo individuo, siempre que ambas características sean de la misma naturaleza, sean numéricas.

Veamos un ejemplo, ¿existe correlación entre los niveles de la presión arterial y los niveles de colesterol en una persona? Cuando las personas tienen más alta la presión arterial en mmHg, es posible que también tengan más altos los niveles de colesterol medidos en mg/dl.

Las unidades de la primera variable, denominada presión arterial, son los milímetros de mercurio y las unidades de la segunda variable, denominada colesterol, son los miligramos por decilitro; pero ambas condiciones, ambas características, se observan en el mismo individuo, mientras más altos son los valores de la presión arterial más altos también son los valores del colesterol en la misma persona. Esto es, por supuesto, un planteamiento, que puede ser verdadero o falso.

El objetivo estadístico correlacionar permite decidir si estamos frente a la afirmación de la correlación o frente a la negación de la correlación. Cuando hablamos tanto del objetivo asociar como del objetivo correlacionar, no estamos hablando de relación causa-efecto.

Retornemos a nuestros ejemplos, cuando planteamos la asociación entre la sí obesidad y la sí diabetes no estamos diciendo que la obesidad cauce la diabetes, tampoco estamos diciendo que la diabetes sea la causa de la obesidad, simplemente que estas dos condiciones están asociadas.

Como es lógico ninguna de estas dos características podrá recibir el nombre de variable independiente ni de variable dependiente, simplemente se llamarán variables asociadas, es que no hay una relación de causalidad ni se cumplen los criterios de causalidad que debe existir en una relación causa-efecto.

Otro de los objetivos que podemos plantear al nivel relacional es el objetivo estadístico concordar, y la concordancia tiene dos versiones: la primera es la concordancia entre observadores y la segunda es la concordancia entre instrumentos.

Veamos un ejemplo, dos psiquiatras evalúan a la misma persona y el diagnóstico que le colocan a este paciente puede ser el mismo o puede ser diferente. Si el diagnóstico que le han colocado estos dos psiquiatras al paciente es el mismo, entonces, existe concordancia; pero si el diagnóstico que le han colocado estos dos psiquiatras al paciente no es el mismo, entonces, no existe concordancia.

La primera medición la realizó el psiquiatra número uno y la segunda medición la realizó el psiquiatra número dos. El resultado que obtiene el psiquiatra dos no está influenciado por el psiquiatra uno, por esta razón, no podemos hablar de variable independiente ni de variable dependiente.

De hecho, el orden en el que han procedido ambos psiquiatras a realizar su evaluación pudo haber sido inverso, es decir, que primero pudo haber evaluado el psiquiatra número dos y más adelante, al mismo paciente, el psiquiatra número uno. No hay relación temporal entre estas dos mediciones, no hay influencia entre el resultado de una medición y otra.

Ahora, veamos la segunda versión de la concordancia: la concordancia entre instrumentos operados por un mismo evaluador. Para ello, vamos a utilizar un ejemplo de la medición de la presión arterial. Una misma persona puede evaluar la presión arterial en un paciente con dos instrumentos distintos, vamos a poner el tensiómetro de mercurio y el tensiómetro aneroide.

La conclusión a la que tiene que llegar el investigador es saber si el paciente tiene o no hipertensión, entonces, hace una primera evaluación con el tensiómetro de mercurio y concluye que el paciente tiene o, tal vez, no tiene hipertensión. Luego, toma el tensiómetro aneroide, hace la misma evaluación y también llegará a una conclusión, a una determinación de si el paciente tiene o no tiene hipertensión.

Si el resultado de la medición con el tensiómetro de mercurio coincide con el resultado de la medición de la presión arterial con el tensiómetro aneroide, entonces, estamos hablando de una concordancia, pero si ambas evaluaciones no coinciden estamos hablando de una discordancia o, tal vez, de una ausencia de concordancia.

Pero, nuevamente, el resultado que obtengamos en la evaluación de la presión arterial con el tensiómetro aneroide no está influenciado por el resultado que hayamos obtenido en la evaluación de la presión arterial con el tensiómetro de mercurio, de hecho, se pudo haber procedido en orden inverso primero la evaluación con el tensiómetro aneroide y, luego, la evaluación de la presión con el tensiómetro de mercurio.

La concordancia es un tipo de asociación, porque aquí hay dos medidas, una medida con un instrumento llamado tensiómetro de mercurio y una evaluación con un instrumento llamado tensiómetro aneroide, como los resultados de una evaluación y otra no están influenciados, no podemos hablar de variable independiente ni dependiente.

Es claro que el rol analítico que tienen las observaciones o evaluaciones en este nivel investigativo es el mismo. Si planteamos un ejemplo de relación entre la depresión y el rendimiento académico en los escolares, es posible que exista esta relación, pero no podremos decir si el bajo rendimiento académico causa depresión en los estudiantes o que, tal vez, la depresión en los estudiantes causa bajo rendimiento académico. No hay una direccionalidad entre un resultado y otro.

Desde el punto de vista estadístico le daremos el mismo trato a la variable depresión como a la variable rendimiento académico porque se trata de dos variables que tienen la misma jerarquía, se trata de dos condiciones observables en el mismo individuo, pero que no tienen una relación de causalidad.

La variable de supervisión

Nos encontramos en el nivel investigativo relacional, el cual se caracteriza por plantear la relación empírica entre dos variables. Esta es una relación sin fundamento que nace de la experiencia del investigador. Si bien hay una hipótesis que nos permite decidir entre si existe o no existe la relación este planteamiento no tiene argumento ni fundamento porque nace de la subjetividad del investigador.

Las variables que participan en el nivel relacional tienen la misma jerarquía, por lo tanto, el manejo, el rol que van a cumplir en el análisis estadístico es exactamente el mismo, y eso es lo que sucede como cuando realizamos un Chi cuadrado.

Si planteamos la asociación entre dos variables y ejecutamos un test de independencia, a la primera variable se le debe denominar variable asociada uno; y a la segunda variable, variable asociada dos. Aquí no hay variable independiente ni variable dependiente, porque la relación no busca demostrar causalidad. Sin embargo, siempre habrá una variable que nos interese más que otra, y esta variable es la variable de estudio.

Recuerda que la variable de estudio no desaparece a lo largo de los diferentes niveles de la investigación, sino que se mantiene y participa en el análisis estadístico que le corresponda en los diferentes niveles. Entonces, en el nivel relacional hay dos variables que tienen la misma jerarquía, la misma condición, y que van a recibir el mismo trato; pero, desde el punto de vista investigativo, hay una de ellas que corresponde a la variable de estudio y se le denomina variable de supervisión.

No se trata de la variable dependiente, el hecho de que más adelante se la plantee como tal es cierto, efectivamente, en el siguiente nivel, en el explicativo, la variable de supervisión se convierte en variable dependiente.

Esto porque los estudios explicativos sí plantean relaciones de causalidad; sí plantean que una variable influye o determina el resultado de la otra; como esto no ocurre en los estudios de nivel investigativo relacional, la variable de estudio tiene un rol totalmente distinto y se convierte en la variable de supervisión.

Como la variable de supervisión es la variable de estudio, esta es la que caracteriza a nuestra línea de investigación. Si planteamos la relación entre el rendimiento académico y la depresión, entonces, la variable de supervisión identifica al campo en donde se desarrolla este trabajo.

Si el estudio de relación entre el rendimiento académico y la depresión está siendo llevada a cabo por un psiquiatra, entonces, su variable de supervisión es la depresión; pero si este mismo estudio es realizado por un educador, por un licenciado en Educación, su variable de supervisión es el rendimiento académico.

Es evidente que a estos dos profesionales les interesan cosas distintas. Al psiquiatra le interesa saber por qué está ocurriendo la depresión y, aunque en el nivel relacional aún no lo puede saber, está explorando qué condiciones están asociadas a la depresión.

Por otro lado, al profesional de la educación le interesa saber qué situaciones están ocurriendo para que el rendimiento académico haya disminuido; una de las condiciones que podría estar ocurriendo es que este alumno este deprimido; pero no es la única característica o condición asociada al bajo rendimiento académico, por lo tanto, este investigador, licenciado en educación, buscará una serie de características adicionales que permitan identificar alguna relación con su variable de estudio o con su variable de supervisión.

Esta diferenciación entre las variables asociadas y la variable de supervisión es una diferenciación metodológica, cada investigador va a desarrollar más esfuerzo en evaluar su variable de supervisión según el campo al que correspondan.

Por ejemplo, el psiquiatra se va a enfocar en evaluar y estudiar a profundidad la variable depresión, va a utilizar todos los recursos que tenga a la mano para tener el diagnóstico certero de depresión, no le va interesar tanto la evaluación de rendimiento académico y es posible que obtenga este dato a partir de las calificaciones regulares que obtienen los estudiantes a lo largo de su formación académica.

Pero si nos trasladamos al campo de la educación, donde la variable de supervisión es el rendimiento académico, el investigador enfocará todos sus esfuerzos, energías y toda su atención en evaluar exactamente el rendimiento académico, y poca importancia le prestará a la evaluación de la variable depresión; de hecho, la variable depresión como factor asociado no es la única variable que le interesa, le interesa probablemente un conjunto de características que podrían estar asociadas al bajo rendimiento académico.

En realidad, todas las variables descriptivas del nivel investigativo anterior se convertirán en variables asociadas, mientras mayor sea el número de variables asociadas y que se originaron en el nivel investigativo anterior como variables descriptivas, más interesante será el análisis estadístico; pero como tiene un conjunto de variables asociadas, vamos a suponer veinte variables asociadas, y solamente una variable de supervisión no se puede permitir desgastar su energía en evaluar a las variables asociadas; no es posible que contrate a un psiquiatra solamente para que le evalúe una de sus veinte variables asociadas, que sería la depresión, porque si tuviera que contratar a un especialista para evaluar a todas sus variables asociadas necesitaría veinte especialistas a su lado.

Por lo tanto, el esfuerzo, el enfoque, la dedicación y la energía la tendrá que desgastar en evaluar su variable de supervisión, que en este caso es el rendimiento académico; para evaluar la variable depresión podría utilizar un instrumento, incluso autoadministrado para saber de cierta forma si existe o no existe este signo de la depresión en los estudiantes a los cuales está evaluando.

Si retornamos al campo de las Ciencias de la Salud, donde el psiquiatra esta vez es el que plantea la relación o la asociación entre el bajo rendimiento académico y la depresión, entonces, todo su esfuerzo, su energía y su interés, estará enfocado en la variable depresión.

No tanto en el rendimiento académico, porque podría haber una serie de circunstancias que afecten a la salud mental del individuo y que pudieran estar asociadas a la depresión. Por lo tanto, bastará con copiarse los resultados de las calificaciones regulares que obtienen los estudiantes dentro de su formación académica.

Si bien, aquí no existe una variable dependiente, es importante identificar a la variable de supervisión por dos razones fundamentales: la primera razón es metodológica; y la segunda, estadística. La razón metodológica es que vamos a dedicar todo nuestro esfuerzo, nuestra energía y nuestra atención, en evaluar a nuestra variable de supervisión y evaluaremos con menos énfasis a las variables asociadas.

Ahora, desde el punto de vista analítico, desde el punto de vista estadístico, cuando planteamos la asociación entre variables y disponemos de un conjunto de ellas, vamos a suponer veinte, tendríamos que plantear la relación entre todas creando una matriz de correlaciones, y muchas de estas correlaciones o asociaciones entre las variables no son interesantes para el investigador.

Las asociaciones significativas que sí resultan ser interesantes para la investigación son aquellas que descubren asociación entre las diversas variables asociadas, este conjunto de características evaluadas, con la variable de supervisión, pero el hecho de que estas variables se encuentren asociadas no implica relación de causalidad.

De hecho, cuando dos condiciones están asociadas pueden existir tres situaciones. La primera: que la variable asociada uno sea el factor de riesgo para la variable asociada dos, es decir, sea un factor de riesgo para la variable de supervisión. La segunda: que la variable asociada uno sea la consecuencia de la variable asociada dos, llamada variable de supervisión. Y la tercera: que tanto la variable asociada uno como la variable asociada dos sean consecuencia de una tercera variable. Por esta razón, la asociación no permite concluir relaciones de causalidad.

Nivel investigativo **explicativo**
Las variables independientes

Nos trasladamos al nivel investigativo explicativo. Este nivel se caracteriza por pretender demostrar relaciones de causalidad entre dos variables; para ello, hay que recordar que la asociación o correlación entre dos variables es insuficiente. Para demostrar tal relación de causalidad, en caso de existir tal asociación, hay que agregarle otros criterios de causalidad como, por ejemplo, los planteados por Bradford Hill.

Las variables independientes se originan en las variables asociadas del nivel investigativo anterior, pero para trasformar una variable asociada en variable independiente hay que seguir una serie de pasos y recomendaciones.

Vamos a partir del planteamiento de la asociación; para el caso del nivel investigativo relacional es posible que esta asociación exista, como también es posible que no exista. El planteamiento de la hipótesis en el nivel relacional es empírico ; por esta razón, no hay que proponer ningún argumento para plantear la hipótesis de la relación.

Supongamos que realmente existe relación entre la variable asociada y la variable de supervisión en el nivel investigativo relacional, entonces, existen tres posibilidades: la primera, que la variable asociada sea el factor de riesgo de la variable de supervisión; la segunda, que la variable asociada sea la consecuencia de la variable de supervisión, y la tercera, que la variable asociada y la variable de supervisión sean consecuencia de una tercera.

Solamente y estrictamente en el primer caso de ellos, en el que la variable asociada es un factor de riesgo de la variable de supervisión, se convierte en variable independiente, y descartamos las otras dos situaciones en que la variable asociada es la consecuencia de la variable de supervisión y, también, el caso en que la variable asociada y la variable de supervisión son consecuencia de una tercera variable.

Entonces, el requisito indispensable para transformar a una variable asociada, correspondiente al nivel investigativo relacional, en una variable independiente, correspondiente al nivel investigativo explicativo, es que esta variable haya sido demostrada previamente como factor de riesgo para la variable de supervisión, que en este caso se llama variable dependiente.

Una de las características más importantes que debemos identificar en las variables independientes es la relación temporal con la variable dependiente. Si, supuestamente, hay una relación causa-efecto entre estas dos variables, la variable independiente debió aparecer antes de la variable dependiente.

Esta relación causa-efecto es muy fácil de probar cuando estamos realizando una experimentación, pero no todos los estudios explicativos son experimentales, hay un conjunto de estudios explicativos que también son observacionales. En ese caso, será muy difícil observar la relación temporal entre estas dos variables, pero podemos apoyarnos en otras condiciones como, por ejemplo, en la relación dosis-respuesta.

Si incrementamos la intensidad de la causa, debe incrementarse la intensidad del efecto, aunque no necesariamente la situación tenga que ser manipulada, por ejemplo, si una de las causas de la neumonía en niños menores de cinco años es el frío, entonces, mientras más intenso sea el frío, mientras más bajas sean las temperaturas, mayor incidencia de neumonía en niños menores de cinco años deberá existir.

Esto es una relación dosis respuesta: a más intensidad de la causa, más intenso es el efecto o el resultado. Esta condición le permitirá a las variables independientes ser denominadas como tales; pero hay una condición más importante que no debemos olvidar en los estudios explicativos: las hipótesis que se desarrollan en este nivel investigativo tienen que tener argumento, necesitan de un fundamento, requieren de un soporte teórico para poder ser planteadas.

Recordemos que en el nivel investigativo explicativo se encuentran los experimentos, y para manipular una variable con la finalidad de lograr un efecto deseado debemos tener razones serias para pensar que esta relación de causalidad existe, debemos tener disponible teoría suficiente que lo sustente. A estas hipótesis que sí tienen argumento, que sí tienen fundamento, se les denomina hipótesis relacionales.

Y dentro de la hipótesis tendremos que desarrollar un mecanismo por el cual estaría ocurriendo esta relación causa-efecto entre las variables independientes o, particularmente, de una en una con la variable dependiente, a este hecho se le denomina especificidad dentro de los criterios de causalidad, quiere decir que tenemos que plantear una especificidad de la causa y la forma en que este estaría teniendo un efecto sobre el resultado, la consecuencia, la enfermedad o el problema.

Las hipótesis en el nivel investigativo explicativo tienen un argumento, y este sirve para calificarlas como variables independientes. Entonces, son variables independientes todas las variables que anteriormente en el nivel investigativo relacional habían demostrado estar asociadas, pero no solamente eso, sino que habían demostrado ser factores de riesgo.

Cuando planteamos un estudio de relación causa-efecto entre dos variables mediante un estudio observacional, entonces, necesitamos estar seguros de que la relación entre estas dos variables realmente corresponda a una causa-efecto.

Ya que el estudio es observacional no vamos a realizar ningún experimento y siendo que el experimento es el criterio de causalidad por excelencia nos vamos a ver en serios problemas a la hora de evidenciar esta relación causa-efecto. Por esta razón, tenemos que realizar un análisis estadístico multivariado. Recuerda, el análisis de más de dos variables aparece en el nivel investigativo explicativo.

Básicamente, si tenemos una variable independiente y también tenemos una variable dependiente existe una serie de características, de condiciones y de circunstancias que pueden alterar esta relación, ya sea intensificando su magnitud o anulando la verdadera relación que debería existir entre estas dos variables. Es ahí donde hace su aparición el concepto de variable interviniente. Y dentro de las variables intervinientes se encuentran: la variable de confusión, la variable intermedia y la variable control.

La variable de confusión tiene un efecto sobre la variable independiente y también sobre la variable dependiente. La variable intermedia aparece como consecuencia de la variable independiente y afecta a la variable dependiente. La variable control, por su lado, no tiene ninguna relación demostrada con la variable independiente, pero sí un efecto significativo sobre la variable dependiente.

La característica en común entre la variable de confusión, intermedia y control es que afectan a la variable dependiente; por esta razón, en términos prácticos a todas estas variables intervinientes se les puede considerar como variables independientes porque tienen un efecto probable sobre la variable dependiente.

Este esquema metodológico que acabamos de describir corresponde a los estudios basados en el objetivo estadístico evidenciar, esto significa que a partir de un estudio observacional tenemos que demostrar la relación causa-efecto, pero sin la necesidad de experimentar.

Por supuesto, más adelante y luego de haber demostrado la evidencia de esta relación direccional entre estas dos variables tendremos que proceder al objetivo de la demostración, al objetivo estadístico demostrar y, para ello, en ese caso sí hay que realizar un experimento; pero para realizar un experimento hay que tener sólidos argumentos para proceder a manipular variables, sobre todo si se trata de trabajar con seres humanos. Recuerda que nuestra unidad de estudio es una persona, un individuo que puede ser llamado paciente, cliente, usuario o cualquier otro nombre que queramos asignarle.

Uno de los recursos que utilizamos en la estadística para asegurarnos de que esta variable realmente influya sobre la variable dependiente es el análisis estadístico multivariado. Con el cual podremos descartar las asociaciones aleatorias, espurias o casuales que se hayan detectado en el nivel investigativo anterior y que permita a las variables independientes convertirse en variables predictivas.

Nivel investigativo **explicativo**
La variable dependiente

Nos encontramos, todavía, en el nivel investigativo explicativo. Y este se caracteriza por plantear la relación de causalidad entre dos variables: una causa y un efecto. La variable dependiente corresponde, precisamente, al efecto o al resultado, es la variable sobre la cual tratamos de demostrar causalidad, entonces, corresponde a la variable de estudio, es la variable que mide o describe el problema que se está estudiando.

A la variable de estudio en el nivel investigativo anterior, es decir, el nivel relacional, se le conocía como variable de supervisión porque, aunque no tenía un rol diferente a las otras variables, todo nuestro esfuerzo estaba enfocado en esta variable.

El objetivo es tratar de conocer las situaciones que hacen que se produzca este problema o enfermedad. Si estamos estudiando un problema, la idea de encontrar información a lo largo de nuestra línea de investigación es utilizar esta misma información para evitar que el problema ocurra.

Si estamos estudiando una enfermedad, lo lógico es que queremos reducir la frecuencia con que esta enfermedad aparece en la población; por lo tanto, la variable dependiente tiene la finalidad de conducir una predicción a partir de un conjunto de variables independientes, pero esta predicción tendrá que ser realizada a partir de un conjunto de variables que probadamente son causas de la enfermedad o del problema.

En el nivel investigativo explicativo, la variable dependiente estaba en búsqueda de esas causas. Debemos recordar que todos los problemas y las enfermedades son multicausales; por esta razón, tenemos que plantear una serie de variables independientes que influyan de manera certera sobre la variable dependiente; pero esta relación de causa-efecto tiene que ser demostrada mediante una prueba de hipótesis, un planteamiento hipotético que está avalado por la literatura correspondiente y los conocimientos que, hasta este momento, se disponen.

Se han universalizado los términos de variable independiente y variable dependiente para los distintos niveles de la investigación. Lo cierto es que esta terminología existe únicamente en el nivel explicativo. Esto es estricto, pero sabemos que en el nivel relacional se les suele conocer a la variable de supervisión como variable dependiente, incluso en el nivel predictivo a la variable endógena se le conoce con el nombre de la variable dependiente.

Esto es porque la variable dependiente es la variable de estudio, es la variable que caracteriza nuestra línea de investigación.

Previamente, en el nivel relacional la variable de estudio recibía el nombre de variable de supervisión y, más adelante, en el nivel predictivo, la variable dependiente recibirá el nombre de variable endógena. Es esta la razón por la que se ha universalizado el concepto o el nombre de variable dependiente para todos los niveles investigativos, incluso algunos mucho más osados que otros han pretendido identificar una variable dependiente en los estudios descriptivos.

Si partimos del concepto exacto de que la variable dependiente es una condición que resulta como efecto de la interacción o de la determinación de otras variables u otras características que previamente han sido demostradas como factores de riesgo, entonces, la variable dependiente existe, como tal, únicamente en el nivel explicativo; y recibe este nombre por la función que cumple en el análisis estadístico.

Para tener la certeza de que la variable dependiente realmente está siendo provocada por una variable independiente hay que realizar tres procedimientos que corresponden a los objetivos estadísticos del nivel investigativo explicativo:

El primer objetivo es evidenciar, se trata de encontrar una relación entre la variable independiente y la variable dependiente, que no sea aleatoria, que no se deba a la casualidad, que no sea espuria, sino que realmente una esté produciendo la otra, a esto se le denomina evidenciar, y para tener la certeza de que una variable está provocando la ocurrencia de la otra o está produciendo modificaciones en la otra variable disponemos de procedimientos estadísticos como el análisis estratificado o el análisis multivariado.

Dentro del desarrollo de una línea de investigación el primer objetivo que debemos cumplir es este, el de evidenciar, para más adelante agregarle criterios de certeza a la relación causa-efecto. Esto lo realizamos mediante el objetivo estadístico demostrar, el cual se sustenta en una experimentación.

En esta ocasión, lo que vamos a hacer es manipular la causa para ver si existen modificaciones en el efecto. Se trata de un verdadero experimento, aunque no siempre se puede llevar a cabalidad, sobre todo si trabajamos con seres humanos; pero se trata de uno de los criterios de causalidad con mayor certeza que aprueban la relación causa-efecto con mayor énfasis que los otros criterios de causalidad.

Pero, aun así, no podemos quedarnos con la conclusión que hemos obtenido en este estudio en el que pretendemos demostrar la relación de causalidad entre dos variables.

El siguiente paso que tenemos que ejecutar es el desarrollo del **objetivo estadístico probar.** Si hemos desarrollado un diseño experimental para demostrar la relación causa-efecto entre dos variables, en esta ocasión, lo que vamos a hacer es utilizar el mismo diseño metodológico para ver si podemos replicar las modificaciones en la variable dependiente.

En virtud de los cambios que hayamos provocado sobre la variable independiente, si podemos replicar los resultados del diseño preliminar, entonces, podemos decir que hemos probado la relación causa-efecto entre dos variables.

Es realmente en este momento, cuando la variable dependiente tiene una relación de causalidad con la variable independiente o con todas las variables independientes que hayamos incluido a nuestro estudio. La variable dependiente más adelante se convertirá en una variable exógena, y si bien se trata de la misma variable de estudio, el rol que ahora debe cumplir es totalmente distinto.

Por otro lado, la variable dependiente no siempre es única, como cuando aplicamos o suministramos un medicamento a un paciente el efecto que deseamos lograr al suministrarle un determinado tratamiento farmacéutico es el efecto deseado, pero sabemos que además del efecto deseado se producen algunas reacciones colaterales o efectos colaterales.

Estas condiciones también se pueden considerar dependientes, porque de no haber manipulado a las unidades de estudio, de no haber intervenido, de no haber suministrado el medicamento, nunca se hubieran presentado. Están ocurriendo porque estamos interviniendo sobre la población o sobre las unidades de estudio.

Sin embargo, la variable de estudio sigue siendo única por más que aparezcan otras condiciones u otros efectos a partir de la manipulación que estamos realizando. A nosotros nos interesa únicamente la variable de estudio, que es la variable que caracteriza toda nuestra línea de investigación.

La variable dependiente al ser la variable más importante dentro del análisis estadístico debe ser conservada en su propia naturaleza, es decir, que existen variables numéricas y categóricas. Las variables numéricas pueden ser convertidas en categóricas y esto puede resultar realmente práctico a la hora de realizar un análisis estadístico, como a la hora de interpretar los resultados; sin embargo, como la variable dependiente es la variable más importante, debe conservar su propia naturaleza.

Una variable numérica siempre nos va a brindar más información que una variable categórica, por esta razón, de realizar transformaciones sobre nuestras variables nunca deberemos ejecutar estas transformaciones sobre la variable dependiente. Esta debe conservar su propia naturaleza y tratándose de una variable numérica debe ser analizada como tal, no debe ser transformada en categórica.

El análisis de la variable dependiente como categórica se realiza únicamente en los casos en que esta condición le sea primigenia, hay que tratar de conservar al máximo la información que nos suministra la variable dependiente, porque a partir de esta es que se va a generar la variable para el siguiente nivel investigativo, se trata de la variable endógena, la variable a la cual le tendremos que calcular su ocurrencia en términos de probabilidad.

Nivel investigativo **predictivo**

Las variables exógenas

Ahora, nos encontramos en el nivel de la investigación predictiva. Los estudios que se desarrollan en este nivel investigativo tienen como finalidad calcular la probabilidad de ocurrencia de un suceso, como, por ejemplo, un problema o una enfermedad; también tienen la finalidad de calcular el tiempo medio en que ocurriría.

Para ello, necesitamos un conjunto de características que nos permitan hacer esta predicción, estas características se denominan variables exógenas y previamente fueron analizadas como variables independientes; pero no todas las variables independientes pasan a la categoría de variables exógenas, muchas de las variables independientes están autocorrelacionadas o son redundantes.

Para construir nuestro modelo predictivo en el nivel investigativo hacemos una selección de las variables que realmente deben construir el modelo que nos permita predecir el problema o la enfermedad que estamos estudiando, es decir, la variable de estudio.

Si tenemos en cuenta que las variables exógenas, en el nivel investigativo explicativo, fueron las variables independientes; que en el nivel relacional fueron las variables asociadas; y en el nivel descriptivo fueron las variables descriptivas o variables de caracterización; no deben restar nuestra energía al momento de ser evaluadas. Y del mismo modo, cuando hacemos el análisis estadístico también podremos ejecutar una serie de transformaciones o de pre procesamientos sobre estas variables.

Así, por ejemplo, cuando queremos construir un modelo predictivo a partir de una regresión lineal o de una regresión logística, deberemos hacer algunas modificaciones sobre nuestras variables exógenas. En términos generales, las variables exógenas llamadas también variables predictivas, deben ser manipuladas antes de ingresar al modelo.

Veamos algunos ejemplos, cuando nos encontramos frente a una variable exógena numérica no le hacemos ningún cambio, de hecho, es la forma ideal en que deben ingresar a un modelo predictivo. En cambio, cuando nos encontramos frente a una variable categórica tendremos dos situaciones: que la variable categórica sea dicotómica o politómica.

Veamos el primer caso: cuando la variable categórica es dicotómica. Como en el caso del género o sexo, las categorías son masculino y femenino. En una base de datos, estas dos categorías van a ser representadas por números: el número uno y el número cero.

El número uno corresponde a la categoría en estudio y el número cero corresponde a la categoría de referencia. Si se trata del sexo, le podemos asignar el número uno al sexo masculino y el número cero al sexo femenino; si prefieres lo puedes hacer de manera inversa, pero supondremos que uno es sexo masculino, y cero es sexo femenino.

Cuando utilizamos esta variable para construir un modelo predictivo, vamos a suponer que la predicción corresponde a un cáncer de estómago; y encontramos un coeficiente positivo entre la variable sexo y la variable endógena, que en este caso es el cáncer de estómago, es la variable de estudio.

Entonces, diremos que el sexo masculino está asociado o que el sexo masculino influye en la aparición de la variable dependiente, denominada cáncer de estómago. Esto sucede porque le hemos puesto el número uno a los masculinos y el número cero a los femeninos. Si hubiésemos colocado los números al revés, le hubiésemos puesto el uno al sexo femenino y cero al sexo masculino, entonces, el coeficiente que aparecería en nuestro modelo predictivo sería negativo porque sabemos que el cáncer de estómago afecta más a los varones que a las mujeres.

Así, el signo del coeficiente que construye el modelo nos indicará la dirección de la relación que existe entre la variable predictora, que es la variable exógena; y la variable de estudio, que en este caso es la variable endógena. Por lo tanto, hay que tener mucho cuidado y, sobre todo, recordar a qué categoría le hemos puesto el número uno y a qué categoría le hemos puesto el número cero.

Esta aclaración es válida tanto para las regresiones logísticas como para las regresiones lineales. Debe colocarse un número a cada una de estas dos categorías cuando se trata de una variable categórica dicotómica.

Ahora, qué hacemos en el caso de que la variable categórica sea politómica, es decir, tenga más de dos categorías. Pongamos un ejemplo, la variable estado civil, con sus categorías: soltero, casado y conviviente. De hecho, para ingresarla a un modelo predictivo no podemos ingresar estos nombres, o estas categorías, a una fórmula matemática; lo que tenemos que ingresar son números.

Entonces, la pregunta que nos hacemos en este momento es ¿qué número le asignamos a la categoría soltero? ¿Qué número tendremos que colocarle la categoría casado? y ¿qué número le deberá corresponder a la categoría conviviente? En este caso, debemos generar variables ficticias, denominadas *dummy*.

La variable categórica politómica crea tantas columnas como categorías tienen sus valores finales, por lo tanto, tendremos que crear en este caso tres columnas porque son tres categorías las que corresponden a la variable estado civil: una columna para soltero; una columna para casado, y una columna para conviviente, como si se trataran de tres variables.

Digo si se tratarán porque no se trata de tres variables, por eso, las denominamos variables ficticias, ¿qué colocamos, entonces, en nuestra columna soltero? ¿colocamos lo mismo que habíamos colocado en una variable dicotómica, el cero y el uno? Lógicamente, en la columna soltero, que corresponde a la categoría del estado civil, le pondremos uno, si es que es soltero; y le podremos cero, si es que no es soltero. Ahora, que si no es soltero estamos diciendo que se trata de un casado o conviviente.

De modo que esta columna estado civil de soltero ya puede ingresar al modelo predictivo, y lo mismo tendremos que hacer para la columna casado y, también, para la columna conviviente, es decir, que en términos teóricos son tres variables las que estaríamos ingresando al modelo predictivo, con sus categorías uno y cero. Ahora, sí podríamos identificar cuál de estas tres condiciones, realmente, participa en la ocurrencia de determinado evento o de una determinada predicción.

Hasta aquí hemos visto qué es lo que debemos hacer con una variable exógena, que es numérica, y dijimos: no hay que hacer nada. También vimos qué debemos hacer con una variable categórica dicotómica: debemos ponerle el cero y el uno; utilizando como categoría de estudio al uno, y al cero como categoría de referencia. Y también tenemos el caso de la variable categórica politómica, donde debemos construir variables ficticias denominadas *dummy*.

La pregunta que surge en este momento es: ¿qué hacemos con las variables ordinales? Para efectos prácticos las variables ordinales se van a convertir en variables numéricas, quiere decir que si las categorías ordenadas de una variable ordinal tienen precisamente esta característica de orden, pues les pondremos un número respetando el orden de sus categorías.

Por ejemplo, si la variable es el nivel de instrucción, cuyas categorías son primaria, secundaria y superior; entonces, le pondremos el número uno para primaria, el número dos para secundaria y el número tres para superior,

53

respetando el orden de sus categorías. De esta manera, ya los podemos incluir dentro del modelo predictivo.

Estas transformaciones o modificaciones las tendremos que ejecutar cada vez que queramos construir un modelo de predicción en función a una regresión lineal o una regresión logística; pero no todos los modelos predictivos exigen hacer cambios a nuestras variables exógenas.

Por ejemplo, los árboles de clasificación no requieren hacer ninguna manipulación previa respecto de la naturaleza de nuestras variables exógenas, llamadas también variables predictivas. Esto en el caso de que nuestra variable endógena o variable de estudio sea categórica, pero si la variable de estudio es numérica y no queremos hacer ninguna transformación sobre las variables exógenas, no queremos hacer ningún cambio; entonces, podremos aplicar un procedimiento denominado árboles de regresión.

Aquí, tampoco se hace exigencia de las condiciones que deben tener las variables predictoras o de las transformaciones que deberemos ejecutar en ellas para construir un modelo predictivo. Entonces, hay procedimientos donde debemos hacer pretratamientos o transformaciones a nuestras variables predictoras y hay procedimientos predictivos o modelos predictivos donde no tendremos que hacer ninguno de estos cambios.

Has de recordar, además, que una regresión lineal tiene las exigencias particulares de cualquier procedimiento paramétrico y que hay que cumplirlas a la hora en que tengamos la necesidad de utilizarla.

Nivel investigativo **predictivo**
La variable endógena

Lógicamente, nos estamos refiriendo a la variable de estudio, porque la variable de estudio no desaparece en el nivel de la investigación predictiva, sino que ahora tiene un rol totalmente distinto. Pues, la idea de los procedimientos estadísticos que desarrollamos a nivel de la investigación predictiva es que podamos predecir un resultado.

La variable endógena o variable de estudio puede ser tanto numérica como categórica, entonces, si queremos hacer la predicción de una variable categórica podemos realizar una regresión logística; pero si queremos aplicar la predicción sobre una variable numérica, entonces, tendremos que realizar una regresión lineal.

Estos dos son los procedimientos clásicos para hacer predicciones en función a la ocurrencia de un determinado evento; pero no son las únicas formas de predecir. De hecho, si la variable dependiente o la variable endógena es categórica, puedes utilizar métodos de clasificación para predecir como KNN, denominado también como vecinos más cercanos.

Por otro lado, si tu variable endógena o variable de estudio es numérica puedes aplicar también los árboles de regresión, esto es una forma de predecir un resultado numérico y, evidentemente, no son las únicas técnicas para predecir resultados.

Ahora, vamos a enfocarnos en el objetivo estadístico predecir. Predecir significa calcular la probabilidad de ocurrencia de un suceso en una serie de eventos, por ejemplo, predecir las complicaciones de una enfermedad, porque no todos los pacientes se complican. Existen algunos casos en que sí aparece la complicación, y hay otros casos en donde no aparece.

También podríamos predecir la mortalidad, porque la letalidad de una enfermedad es distinta para todos los casos. Algunos pacientes se mueren y otros no, incluso teniendo la misma enfermedad. Esto porque los que fallecieron tenían una serie de condiciones adicionales, estas condiciones adicionales corresponden a las variables exógenas o predictoras; pero el evento en sí, el evento de la mortalidad, corresponde a la variable endógena, lo que tenemos que predecir.

Las predicciones habitualmente se ejecutan mediante ecuaciones estructurales, quiere decir que se construye una fórmula, una ecuación matemática, en la cual se incluyen a las variables exógenas. Estas fórmulas nos permiten calcular la probabilidad de ocurrencia de la variable endógena, pero no es la única forma de predecir.

También, es posible predecir el resultado de una variable en función al tiempo, y a esto se le denomina pronóstico, es decir, la probabilidad de ocurrencia de un evento, pero en función al tiempo. Como ejemplo tenemos al tiempo de vida media de un paciente con cáncer o el tiempo que transcurre hasta que la función renal de un paciente diabético este en límites patológicos.

Para calcular la probabilidad de ocurrencia de un evento en función al tiempo se disponen de distintas técnicas predictivas, por ejemplo, tenemos a las series de tiempo donde la variable exógena es el tiempo y la variable endógena es la variable de estudio. Si ampliamos un poco más el concepto de variable endógena sería aquello que se puede predecir en función de otras variables, denominadas exógenas.

Al momento de realizar un razonamiento acerca de la relación entre las variables exógenas y la variable endógena, debemos tener en cuenta que algunas variables exógenas son inmodificables, y otras sí son modificables.

Si queremos predecir la función renal de un paciente diabético, no es posible modificar la edad, el sexo o los antecedentes patológicos de este paciente; pero sí es posible modificar la actividad física, el consumo de tabaco, el consumo de alcohol en este paciente.

De modo que el modelo predictivo no solamente nos anticipa la ocurrencia de un determinado suceso o evento, sino que nos permite tomar decisiones acerca de la intervención que debemos realizar sobre un grupo de pacientes, una población, un grupo de clientes, de usuarios o alumnos, teniendo en cuenta que hay variables exógenas que no se pueden modificar, pero que pueden ayudarnos a identificar grupos vulnerables, grupos sobre los cuales hay que tener más énfasis en nuestras intervenciones, y también teniendo en cuenta que hay variables exógenas que se pueden modificar y que de modificarlas podemos cambiar los resultados.

Un paciente diabético va a tener complicaciones renales, disminución de la función renal a lo largo de los años, hay que evitar que esto ocurra y ¿cómo podemos lograrlo? Modificando las variables exógenas que sí son factibles de ser manipuladas: incrementando la actividad física, reduciendo el consumo de alcohol, eliminando el hábito nocivo del tabaco, etc.

El término variable endógena nace en la economía, por ejemplo, el precio del oro a nivel internacional es una variable endógena, y existen una serie de características que influyen en su precio, nosotros no podemos hacer nada para manipularlas, para cambiarlas o para evitarlas.

Por esta razón, a estas variables sobre las cuales no tenemos ningún tipo de control se las denominó originalmente como exógenas porque eran externas a nuestro dominio, externas a nuestra intervención o manipulación.

En este ejemplo, la única finalidad de predecir el precio del oro, ya sea que vaya a aumentar o disminuir, sirve únicamente para vender o comprar según la tendencia que se esté observando; pero cuando trasladamos los conceptos de variables endógenas y exógenas al campo de la clínica y de la epidemiología, así como al campo de las Ciencias Sociales, encontramos que hay variables exógenas que no se pueden modificar, como la edad y el sexo, y hay variables exógenas que sí son susceptibles de ser modificadas y deben ser modificadas o manipuladas para tener un mejor pronóstico del paciente.

Existen situaciones en las que las variables, aun cuando puedan ser manipuladas, me refiero a las exógenas, no se hace ninguna manipulación sobre ellas. Por ejemplo, cuando las compañías de seguros quieren integrar a una persona, cuando quieren venderle un seguro de salud o un seguro de vida, hacen una predicción en función de las características que podrían alterar la salud de la persona, y si encuentran que esta persona, por las condiciones que tiene, va a enfermar en el corto plazo y, con ello, va a incurrir en muchos gastos del seguro, entonces, lo que hacen, la decisión que toman, es no venderles la prima del seguro porque es contraproducente con el modelo de negocio que ellos han desarrollado.

Pero si tenemos la misma visión del mismo conjunto de pacientes, desde el punto de vista clínico y epidemiológico, y hay variables que sí pueden ser modificadas, que sí pueden ser manipuladas y que de cambiar esta situación podemos mejorar el pronóstico del paciente, brindarle una mejor calidad de vida y encontrar un mejor resultado para su salud.

La variable endógena se llamó variable dependiente en el nivel investigativo anterior, es decir, el explicativo; y en el nivel relacional su nombre era variable de supervisión. En el nivel descriptivo se le denominaba variable de interés y es la variable de estudio que habíamos descubierto en el nivel investigativo exploratorio.

Por lo tanto, cuando nos referimos a la variable de estudio, a la variable de interés, a la variable de supervisión, a la variable dependiente y a la variable endógena, en realidad, nos estamos refiriendo a la misma variable. En todos los casos, se trata de la variable de estudio.

Lo que sucede es que tienen funciones distintas en los diferentes niveles de la investigación, a través de los cuales tenemos que transitar cuando queremos solucionar un problema que hemos descubierto preliminarmente. Basado en este razonamiento, en el nivel exploratorio debemos explorar la mayor cantidad de variables posibles porque estas, más adelante, se convertirán en descriptivas o variables de caracterización, y después de plantear hipótesis empíricas, tendremos que asociarlas a nuestra variable de estudio.

Aquellas que se encuentren asociadas y demuestren ser factores de riesgo se convertirán en variables independientes, y de demostrar que realmente causan el efecto que estamos estudiando, vendrán a conformar las variables exógenas; y de esta manera, construir un modelo predictivo que nos permita anticiparnos a la ocurrencia del problema o de la enfermedad.

ACERCA DEL AUTOR

El Dr. José Supo es Médico Bioestadistico, Doctor en Salud Pública, director de www.bioestadístico.com y autor del libro "Seminarios de Investigación Científica".

Programas de entrenamiento desarrollados por el autor:

1. Análisis de Datos Aplicado a la Investigación Científica

2. Seminarios de Investigación para la Producción Científica

3. Validación de Instrumentos de Medición Documentales

4. Técnicas de Muestreo Estadístico en Investigación

5. Taller de tesis: Desarrollo del Proyecto e Informe Final

6. Análisis Multivariado - Diseños Experimentales

7. Análisis de Datos Categóricos y Regresiones Logísticas

8. Técnicas de análisis Predictivos y Modelos de Regresión

9. Control de Calidad: Análisis del Proceso, Resultado e Impacto

10. Minería de Datos para la Investigación Científica.

11. Entrenamiento para Tutores, Jurados y Asesores de tesis

12. Herramientas para la Redacción y Publicación Científica

MÁS SOBRE EL AUTOR

El Dr. José Supo es conferencista en métodos de investigación científica, entrenador en análisis de datos aplicados a la investigación científica y desarrolla talleres sobre los siguientes temas:

Libros y audiolibros publicados por el autor:

1. Cómo se hace una tesis
2. Cómo ser un tutor de tesis
3. Cómo asesorar una tesis
4. Cómo evaluar una tesis
5. El propósito de la investigación
6. Las variables analíticas
7. Cómo elegir una muestra
8. Cómo validar un instrumento
9. Cómo probar una hipótesis
10. Cómo se elige una prueba estadística
11. Validación de pruebas diagnósticas
12. Técnicas de recolección de datos

¿Quieres saber más?

www.seminariosdeinvestigacion.com

www.ingramcontent.com/pod-product-compliance
Lightning Source LLC
Chambersburg PA
CBHW021414170526
45164CB00002B/649